LEVEL
1

KB197583

사이언스 리더스

거미는 사냥 중!

로라 마시 지음 | 송지혜 옮김

 비룡소

로라 마시 지음 | 20년 넘게 어린이책 출판사에서 기획 편집자, 작가로 일했다. 내셔널지오그래픽 키즈의 「사이언스 리더스」 시리즈 가운데 30권이 넘는 책을 썼다. 호기심이 많아 일을 하면서 책 속에서 새로운 것을 발견하는 순간을 가장 좋아한다.

송지혜 옮김 | 부산대학교에서 분자생물학을 전공하고, 고려대학교 대학원에서 과학언론학으로 석사 학위를 받았다. 현재 어린이를 위한 과학책을 쓰고 옮기고 있다.

내셔널지오그래픽 키즈 사이언스 리더스
LEVEL 1 거미는 사냥 중!

1판 1쇄 찍음 2025년 1월 20일 1판 1쇄 펴냄 2025년 2월 20일
지은이 로라 마시 옮긴이 송지혜 펴낸이 박상희 편집장 전지선 편집 임현희 디자인 천지연
펴낸곳 (주)비룡쏘 출판등록 1994.3.17.(제16-849호) 주소 06027 서울시 강남구 도산대로1길 62 강남출판문화센터 4층
전화 02)515-2000 팩스 02)515-2007 홈페이지 www.bir.co.kr 제품명 어린이용 반양장 도서 제조자명 (주)비룡쏘
제조국명 대한민국 사용연령 3세 이상 ISBN 978-89-491-6907-1 74400 / ISBN 978-89-491-6900-2 74400 (세트)

NATIONAL GEOGRAPHIC KIDS READERS LEVEL 1
SPIDERS by Laura Marsh

사진 저작권 Cover, Brenda Blakely/National Geographic Your Shot; 1, Gerry Ellis/Digital Vision/National Geographic Creative; 2, Ingo Arndt/naturepl.com; 4, Maneesh Kaul/National Geographic My Shot; 5, iStockphoto.com; 6, Merkushev Vasiliy/Shutterstock; 7, Francis Quintana/National Geographic My Shot ; 8, Roy Escala/National Geographic My Shot ; 9, Zohar Izenberg/National Geographic My Shot ; 10, Cathy Keifer/Shutterstock; 11, FLPA/Alamy; 12 (bottom), iStockphoto.com; 12-13 (right), Greg Harold/Auscape/Minden Pictures; 14, Joel Sartore/National Geographic Creative; 15, Amy Ambrose/National Geographic My Shot ; 16, Radhoose/Shutterstock; 17 (top), Natural Selection/Design Pics/ Corbis; 17 (center), Arco Images GmbH/Alamy; 17 (bottom), Hans Christoph Kappel/naturepl.com; 19, Tara Blackmore/ National Geographic My Shot ; 20, Gerry Pearce/Alamy; 21 (top), Ocean/Corbis; 21 (bottom), John Cancalosi/National Geographic Creative; 22 (top), David Haynes/Alamy; 22 (bottom), Bach/Corbis/Getty Images; 23 (top), M. Kuntner; 23 (bottom), Danita Delimont/Alamy; 24, Emanuel Biggi; 25 (top), Premaphotos/Alamy; 25 (center), Darlyne A. Murawski/ National Geographic Creative; 25 (bottom left), Geoff du Feu/ Alamy; 25 (bottom right), iStockphoto.com; 26-27, Stephen Dalton/naturepl.com; 28, Karen Zieff/www.zieffphoto.com; 29, Panoramic Images/Getty Images; 30 (left), Radhoose/ Shutterstock; 30 (right), Audrey Snider-Bell/Shutterstock; 31 (top left), Flickr RF/Getty Images; 31 (top right), Kjell Sandved/Visuals Unlimited; 31 (bottom left), Brian Nolan/ iStockphoto.com; 31 (bottom right), Photoshot Holdings Ltd/Alamy; 32 (top left), Photoshot Holdings Ltd/Alamy; 32 (top right), John Cancalosi/National Geographic Creative; 32 (bottom left), Joel Sartore/National Geographic Creative; 32 (bottom right), Emanuel Biggi

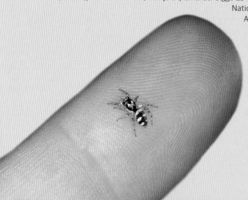

이 책의 차례

꺅, 거미다!

몸에 털이 부숭부숭 난
흰수염깡충거미

다리 여덟 개와 무시무시한 **송곳니**를 가진
털북숭이 동물이 뭐게?

그건 괴물이라고? 아니야, 바로 거미야!

거미를 처음 보면 징그럽고
무섭다고 생각할지도 몰라.

하지만 거미는 보통
사람을 해치지
않아.

거미 용어 풀이

송곳니: 동물의 길고 뾰족한 이빨. 거미 송곳니에는 보통 독이 들어 있다.

거미는 어디에나 있어

무당거미가 숲속에 거미줄을 쳤어.

거미는 바짝 메마른 사막에서 살아. 비가
많이 오는 숲에서도 살지. 높은 산이나 너른
들판에서 지내기도 해.

멕시코붉은다리거미는 주로 사막에 살아.

바닷가에서도, 동굴에서도 모습을 드러내.
한마디로 거미는 어디서나 만날 수 있어!

거미의 몸이 궁금해!

살받이게거미

거미는 몸집이 크기도 하고
작기도 해. 검정, 빨강, 주홍,
초록, 색깔도 여러 가지지.

이렇게 예쁜 노란색 거미도
있고 말이야!

배

머리가슴

거미는 저마다 크기도, 색깔도 달라. 하지만
모두 다리가 8개지. 몸은 두 부분으로
이루어져 있어. 머리와 가슴이 하나로 합쳐진
'머리가슴'과 '배'로 나뉘어.

거미는 무얼 먹을까?

사냥하는 늑대거미

먹이가 된 파리

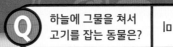

거미는 동물을 먹고 사는 육식 동물이야.
주로 곤충을 먹이로 삼지.

어떤 거미는 물고기나 뱀, 개구리처럼
자기보다 몸집이 큰 동물을 잡아먹어.

굶주린 거미는 다른 거미를 잡아먹기도 해!

왕거미가 개구리를
사냥했어!

많은 거미가 송곳니에 **독**을 지녔어. 이
송곳니에 물려 독이 몸에 퍼지면, 먹이는
꼼짝달싹 못 하지. 심하면 죽기도 해!

거미는 송곳니 말고는
이빨이 없어.
그래서 송곳니의
독으로 먹이를
먹기 좋게 녹인 뒤
쪽쪽 빨아 먹지.
음, 맛 좋은
먹이야!

**거미 용어
풀이**

독: 몸에 해롭거나 목숨을
해칠 수 있는 물질.

송곳니

늑대거미는 송곳니의 독으로
눈 깜짝할 사이에 먹이를 쓰러트려.

거미의 다리털

거미는 보통 눈이 8개야. 그런데 **시력**은 좋지 않아. 먹이를 사냥할 때는 눈이 아닌 다른 **감각 기관**의 도움을 받는단다.

거미 용어 풀이

시력: 눈으로 물체를 보는 능력.

감각 기관: 눈, 코, 귀, 혀, 피부 등 몸에서 바깥의 자극을 받아들이는 부분.

골리앗새잡이거미의 눈 8개

스라소니거미 다리의 가는 털

거미는 다리에 난 아주 가느다란 털로
주변의 움직임을 느껴. 거미줄에 앉아 있다가
먹잇감이 걸리면 이 털들로 딱 알아차리지!

뚝딱, 거미집 짓기

원 모양 거미집

우아, 둥근 무늬로 짠 거미집 좀 봐! 거미는

종류에 따라 다른 모양으로 집을 만들어.

깔때기 모양 거미집

가운데는 뻥 뚫려
있고, 안으로 갈수록
좁아지는 깔때기
모양의 거미집도 있어.

그물 모양 거미집

두 번째 거미집은 그물
모양인데, 실이 마구
엉켜 있는 것처럼 보여!

문짝거미의 땅굴 거미집

땅굴에 사는
문짝거미는 거미줄을
똘똘 뭉쳐서 땅굴로
들어가는 구멍을
덮는대.

거미줄로 하는 일

모든 거미가 거미줄로 집을 짓는 건 아니야.
하지만 거미는 다 거미줄을 만들 수 있어!

거미는 거미줄로 하는 게 참 많아. 알을 감싸
적한테서 지키거나, 사냥한 먹이를 칭칭
감아서 달아나지 못하게 하지.

또 거미는 거미줄로 하늘을 날 수도 있어!
먼저 거미는 높은 곳에 올라가서 거미줄을
뿜어. 그러면 바람이 거미줄을 두둥실 띄워
올려 주지. 거미는 이 거미줄에 매달려서
바람을 타고 멀리멀리 날아간단다.
야호! 정말 신나겠지?

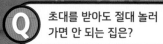

Q 초대를 받아도 절대 놀러 가면 안 되는 집은? 미거집 A

미국호랑거미가 거미줄로
먹이를 칭칭 감았어!

별별 거미 대회!

전 세계 곳곳의 거미들을 모아 대회를 열어

볼까? 특별한 거미를 뽑아 상을 주는 거야!

영리한
사냥꾼상

볼라스거미

어떤 볼라스거미는 암컷 나방의 냄새를 흉내 내서

수컷 나방을 불러들여. 그리고 수컷 나방이

다가오면 재빨리 잡아먹지.

골리앗새잡이거미
새끼 새를 거뜬히 잡아먹을 만큼 몸집이 커.
주로 남아메리카에 살아.

몸집
대장상

무서운
암컷상

검은과부거미
독거미로, 암컷 등에는 빨간 모래시계 무늬가
있어. 암컷은 짝짓기 후 수컷을
잡아먹곤 한대.

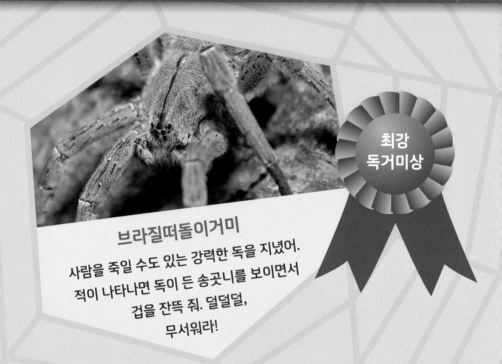

브라질떠돌이거미

최강 독거미상

사람을 죽일 수도 있는 강력한 독을 지녔어.
적이 나타나면 독이 든 송곳니를 보이면서
겁을 잔뜩 줘. 덜덜덜,
무서워라!

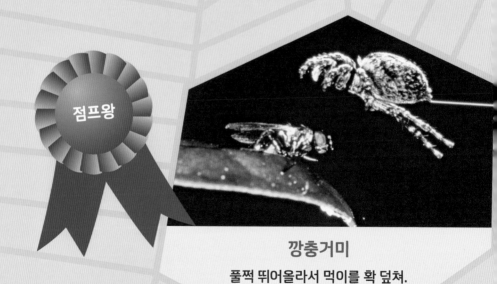

점프왕

깡충거미

풀쩍 뛰어올라서 먹이를 확 덮쳐.
높이뛰기 선수가 따로
없다니까.

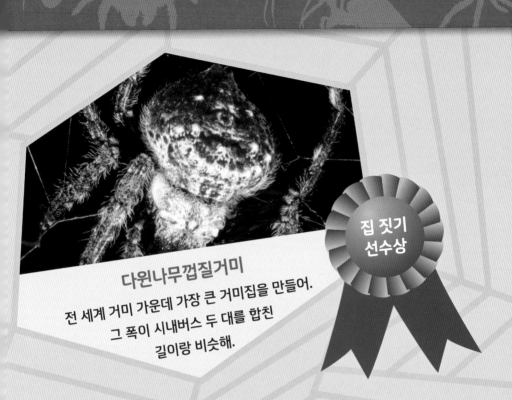

다윈나무껍질거미

전 세계 거미 가운데 가장 큰 거미집을 만들어.
그 폭이 시내버스 두 대를 합친
길이랑 비슷해.

**집 짓기
선수상**

**새끼
사랑꾼상**

늑대거미

보통 때는 무서운 사냥꾼이지만,
새끼한테는 다정해. 늘 등에 새끼들을
업고 다니지.

새끼 거미야, 안녕?

커다란 몸집의 거미도, 손톱만 한 거미도
모두 처음에는 알에서 나와. 어미는 알을
알주머니로 감싸서 돌보지.

알

알주머니

어떤 거미는 한 번에 2000개나 되는 알을 낳아!

거미줄에 올려 둔 알주머니

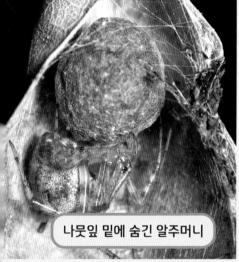

나뭇잎 밑에 숨긴 알주머니

알주머니를 물고
다니는 어미 거미

어미 거미는
알주머니를
거미줄이나 나뭇잎
밑, 통나무 속 같은
곳에 안전하게
숨겨 둬. 어떤 어미
거미는 알주머니를
물고 다니기도 한대.

거미 용어
풀이

알주머니: 거미가
거미줄로 만든 튼튼한
주머니. 알을 감싸서
안전하게 지킨다.

드디어 새끼
거미들이
모습을
드러냈어!
이 세상에
처음 기어 나온
순간이야.

이렇게 알 속에
있던 동물이 알
밖으로 나오는
것을 '부화'라고
한단다.

고마운 거미

거미는 우리 삶에 도움을 주는 동물이야.

거미줄은 가볍고, 쭉쭉 잘 늘어나. 게다가
무척 튼튼하지. 과학자들은 거미줄을 가지고
무얼 하면 좋을지 연구하고 있어.

과학자들이 거미줄을 연구해서 만든 천이야.

또 거미는 모기처럼 사람에게 해를 끼치는
벌레를 잡아먹어 주지.

거미야, 정말 고마워!

사진 속에 있는 건 무엇?

거미와 관련된 것들을 아주 가까이에서 찍은
사진이야. 사진 아래 힌트를 읽고, 오른쪽
위의 '단어 상자'에서 알맞은 답을 골라 봐.
정답은 31쪽 아래에 있어.

힌트: 많은 거미가 평소에 지내는
곳이야. 여기서 사냥도 해!

힌트: 거미는 여덟 개나 되는
이것으로 걸어 다녀.

단어 상자

다리, 거미줄, 알주머니, 거미집, 송곳니, 눈

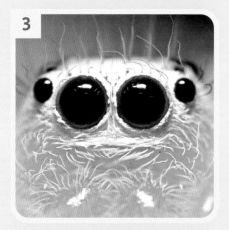

3

힌트: 거미는 이게 여덟 개나 되지만,
시력은 좋지 않아.

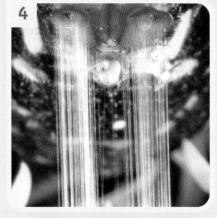

4

힌트: 거미는 몸에서 이것을
뽑아내어 많은 일을 해.

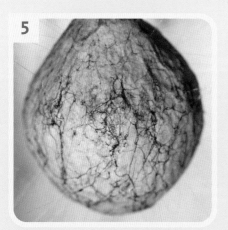

5

힌트: 자장자장 우리 아기….
거미 알은 이 안에 있으면 안전하단다.

6

힌트: 아야! 거미는 이것으로 먹이를
콱 물어 독을 집어넣어.

송곳니
동물의 길고 뾰족한 이빨. 거미
송곳니에는 보통 독이 들어 있다.

독
몸에 해롭거나 목숨을 해칠
수 있는 물질.

시력
눈으로 물체를 보는 능력.

알주머니
거미가 거미줄로 만든 튼튼한
주머니. 알을 감싸서 지킨다.